O mistério do sol frio

Investigação sobre Deus
Os indícios pensáveis
Texto e Desenhos de BRUNOR
O mistério do sol frio

Tradução:
Marianne Péres de Sá Peixoto
Paulo Eduardo Péres de Sá Peixoto Júnior

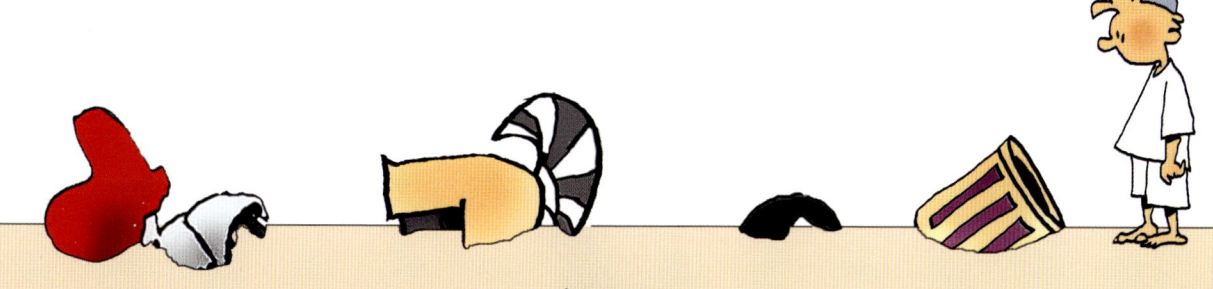

Edições Loyola

Título original:
Le mystère du soleil froid
© 2022 Brunor Éditions
2 bis, rue Scheffer, 75116, Paris, França
ISBN 978-29-54-9717-66

Published by arrangement with Brunor Éditions.
Publicado em acordo com Brunor Éditions.

Dados Internacionais de Catalogação na Publicação (CIP)
(Câmara Brasileira do Livro, SP, Brasil)

Rabourdin, Bruno
 O mistério do sol frio / Bruno Rabourdin ; tradução Marianne Péres de Sá Peixoto, Paulo Eduardo Péres de Sá Peixoto Júnior. -- São Paulo : Edições Loyola, 2023. -- (Fundamentos filosóficos ; 1)

 Título original: Le mystère du soleil froid: vol. 1.
 ISBN 978-65-5504-272-6

 1. Histórias em quadrinhos - Literatura infantojuvenil I. Título. II. Série.

23-161502   CDD-028.5

Índices para catálogo sistemático:
1. Histórias em quadrinhos : Literatura infantil   028.5
2. Histórias em quadrinhos : Literatura infantojuvenil   028.5

Aline Graziele Benitez - Bibliotecária - CRB-1/3129

Capa e diagramação: Desígnios Editoriais
Composição da capa e do miolo feita a partir do projeto gráfico da edição original francesa.
Revisão técnica: Álvaro Pimentel, SJ

Edições Loyola Jesuítas
Rua 1822 n° 341 – Ipiranga
04216-000 São Paulo, SP
T 55 11 3385 8500/8501, 2063 4275
editorial@loyola.com.br
vendas@loyola.com.br
www.loyola.com.br

Todos os direitos reservados. Nenhuma parte desta obra pode ser reproduzida ou transmitida por qualquer forma e/ou quaisquer meios (eletrônico ou mecânico, incluindo fotocópia e gravação) ou arquivada em qualquer sistema ou banco de dados sem permissão escrita da Editora.

ISBN 978-65-5504-272-6

© EDIÇÕES LOYOLA, São Paulo, Brasil, 2023

103463

NAQUELE TEMPO...
NESSA REGIÃO DO MUNDO,

HAVIA GRANDES...

...CIVILIZAÇÕES.

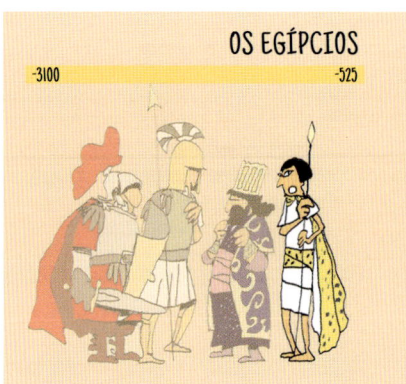

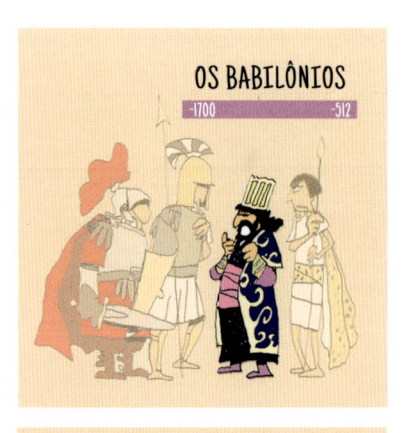

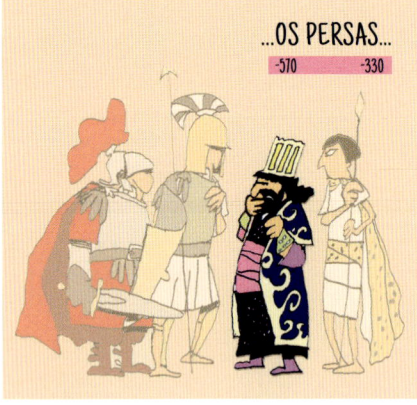

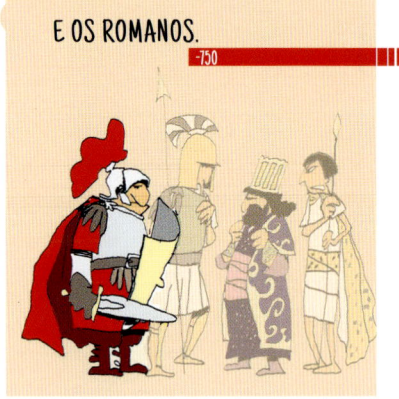

-3500 -1700	OS EGÍPCIOS	OS BABILÔNIOS
OS SUMÉRIOS	-3100 -525	-1700 -512

DEPOIS OS GREGOS,	...OS PERSAS...	E OS ROMANOS.
-900 -146	-570 -330	-750

COMO CADA UM SABE, ELES SE SUCEDEM NO DOMÍNIO DESSA PARTE DO MUNDO, AO LONGO DESSE PERÍODO CHAMADO "ANTIGUIDADE"⁽¹⁾.

SÃO MUITO DIFERENTES, MAIS OU MENOS SIMPÁTICOS...

TÊM (PELO MENOS) DOIS PONTOS EM COMUM (MAS DÁ PARA ACHAR OUTROS):

(1) NÃO É PARA CONFUNDIR COM "ANTIQUÁRIO".   1. ELES SÃO TODOS ULTRAPODEROSOS.

2. ELES SÃO TODOS ULTRA-INTERESSADOS PELO...

...CÉU E PELAS ESTRELAS

E A

E O

OOOH! OOH! Ô!

A TAL PONTO QUE ELES DIZEM: É UM DEUS! ELE É ETERNO!	SIM! É UM DEUS! ETERNO NO PASSADO. E NO FUTURO!
ETERNO... PARA SEMPRE!	NESSE ASSUNTO, ELES ESTÃO TODOS DE ACORDO.
AÍ CHEGA... ...O PEQUENO POVO HEBREU...	ELE LHES PERGUNTA E OS QUESTIONA: O QUE VOCÊS ESTÃO FAZENDO AQUI?
ELES RESPONDEM: NÃO DÁ PARA VER?	CHIU! VENERAMOS O SOL.

ISSO. PORQUE
É UM DEUS
ETERNO.
!
OH! OH! OH!
RSRSRS
TÁ DEMAIS!!
O SOL QUE ESTÃO VENERANDO...
...É APENAS UMA...
...GRANDE LÂMPADA.
UMA LÂMPADA?!
SIM. A LUA TAMBÉM, (ALIÁS)

SÃO SIM. LÂMPADAS PROVISÓRIAS: NÃO SÃO DIVINDADES NEM COISAS ETERNAS!

...TIVERAM UM INÍCIO E SE GASTAM.

POR CAUSA DAS CRENÇAS DELES, ELES FALAM BOBAGEM!

AH AH AH!

ELES NÃO TÊM FILÓSOFOS!

AS CRENÇAS DELES OS AFASTAM DA CIÊNCIA!

SUA FÉ SE OPÕE À RAZÃO!

MALUCOS!

SACRILÉGIO! ELES INSULTAM NOSSOS DEUSES ETERNOS!

ATEU! BLASFEMADOR!

O CÉU E A TERRA TAMBÉM TÊM UM INÍCIO...

...E SE GASTAM.

OS HEBREUS ESTIMAM QUE O UNIVERSO NÃO É ETERNO!

PEGUEM ELE!

CLARO, NAQUELA ÉPOCA, NINGUÉM PODIA SABER QUEM TINHA RAZÃO...	TODAS AS GRANDES CIVILIZAÇÕES?...	OU... O PEQUENO POVO HEBREU? (SOZINHO).
DURANTE MUITO TEMPO, ESSE ASSUNTO PERMANECEU NA ÁREA DAS CRENÇAS RELIGIOSAS... NOSSAS TRADIÇÕES O AFIRMAM: O SOL É ETERNO.	...E FILOSÓFICAS. ARISTÓTELES O ESCREVEU: O SOL É ETERNO.	PORQUE NINGUÉM PODIA VERIFICAR. O QUE PERMITIA CONTAR TUDO O QUE SE QUISESSE.

VAI TER QUE ESPERAR BASTANTE TEMPO...

...ATÉ QUE UM DIA, ENFIM, APARECE A RESPOSTA!!

UFA!

ERAM OS HEBREUS QUE ESTAVAM CERTOS.

AH? ...E... COMO O SENHOR SABE DISSO?

SOU ASTROFÍSICO.

É O MEU TRABALHO.

VOCÊ SABE O QUE EU ESTUDO?

O SOL!

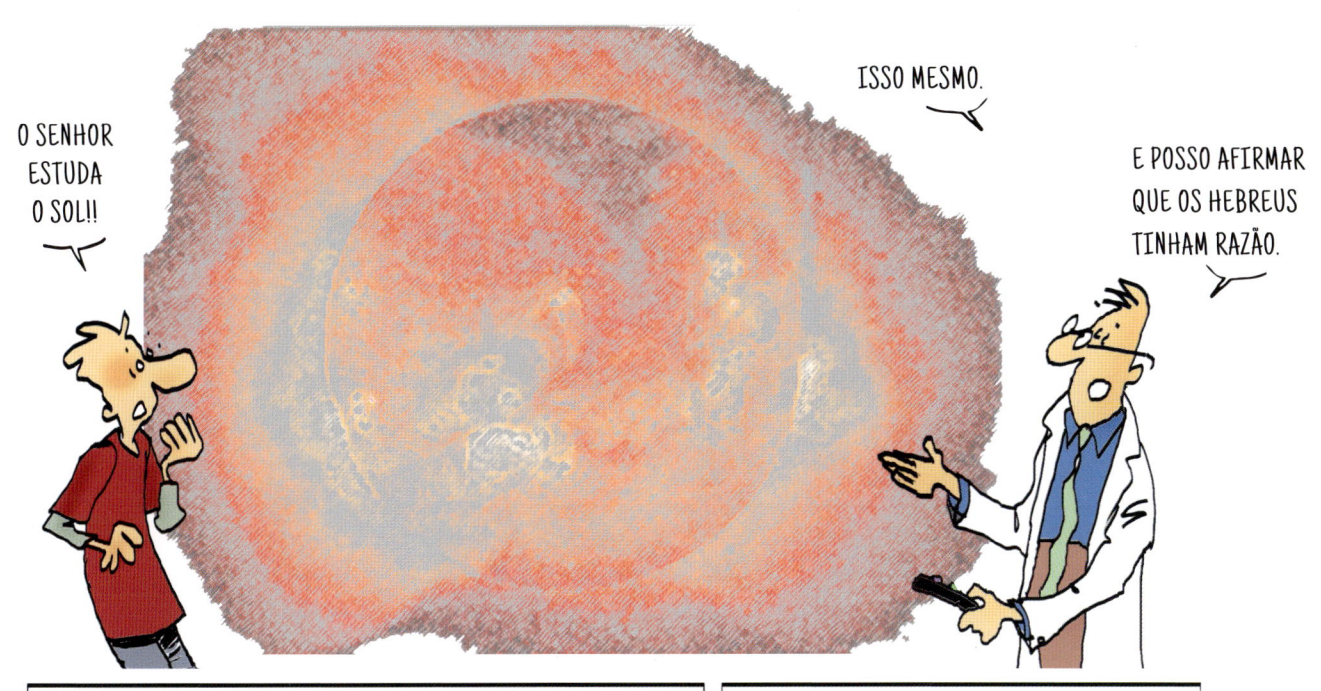

— O SENHOR ESTUDA O SOL!!

— ISSO MESMO. E POSSO AFIRMAR QUE OS HEBREUS TINHAM RAZÃO.

— ENTÃO... O SOL NÃO É ETERNO??
— QUAL É A IDADE DELE?
— CLARO QUE NÃO! CONHECEMOS A DATA DE NASCIMENTO DELE.

— O SOL TEM 4,5 bilhões de anos.

4,5 bilhões de anos

— CONCORDO. ELE COMEÇOU A BRILHAR E, AGORA, NÃO VAI MAIS PARAR...
— PARE! DEVO INTERROMPÊ-LO...

— PORQUE SABEMOS TAMBÉM QUE O SOL TERÁ UM FIM.
— UM FIM?!

COMO ASSIM... UM FIM?

EXATAMENTE.

O SOL FICARÁ FRIO.

ELE ESQUENTA E ILUMINA QUEIMANDO SEU HIDROGÊNIO...

DAQUI A 4,5 bilhões de anos, O SOL VAI TER ESGOTADO O HIDROGÊNIO (O "COMBUSTÍVEL" DELE).

É FÁCIL DE LEMBR...?!

MAS?!

O QUE VOCÊ ESTÁ FAZENDO?

APROVEITANDO O SOL ENQUANTO ELE ESTÁ LÁ.

ESTAVA DIZENDO: É FÁCIL DE LEMBRAR: 4,5 bilhões de anos ANTES DA GENTE E DEPOIS DA GENTE

O TANQUE AINDA TÁ NA METADE!

TANQUE MEIO CHEIO OU MEIO VAZIO?

EM TODO CASO: NÃO É ETERNO.

ELE TEVE UM INÍCIO, E TERÁ UM FIM.

ESTÁ NO MEIO DO PERCURSO DELE.

MAS ENTÃO...!

UMA LÂMPADA!!

QUE VERGONHA!

...AGORA QUE FOI PROVADO QUE O SOL NÃO É ETERNO...

...ISSO QUER DIZER QUE OS HEBREUS TINHAM RAZÃO!

É INCRÍVEL! COMO CONSEGUIRAM? COMO O SENHOR EXPLICA ISSO?

ESPERA AÍ. EU NÃO SEI NADA DISSO.

SOU CIENTISTA. EU CONSTATO, SÓ ISSO.

É PRECISO DESVENDAR ESSE ENIGMA!

ENTÃO... FAÇA A SUA INVESTIGAÇÃO...

...CIENTIFICAMENTE.

PERGUNTE AOS HEBREUS.

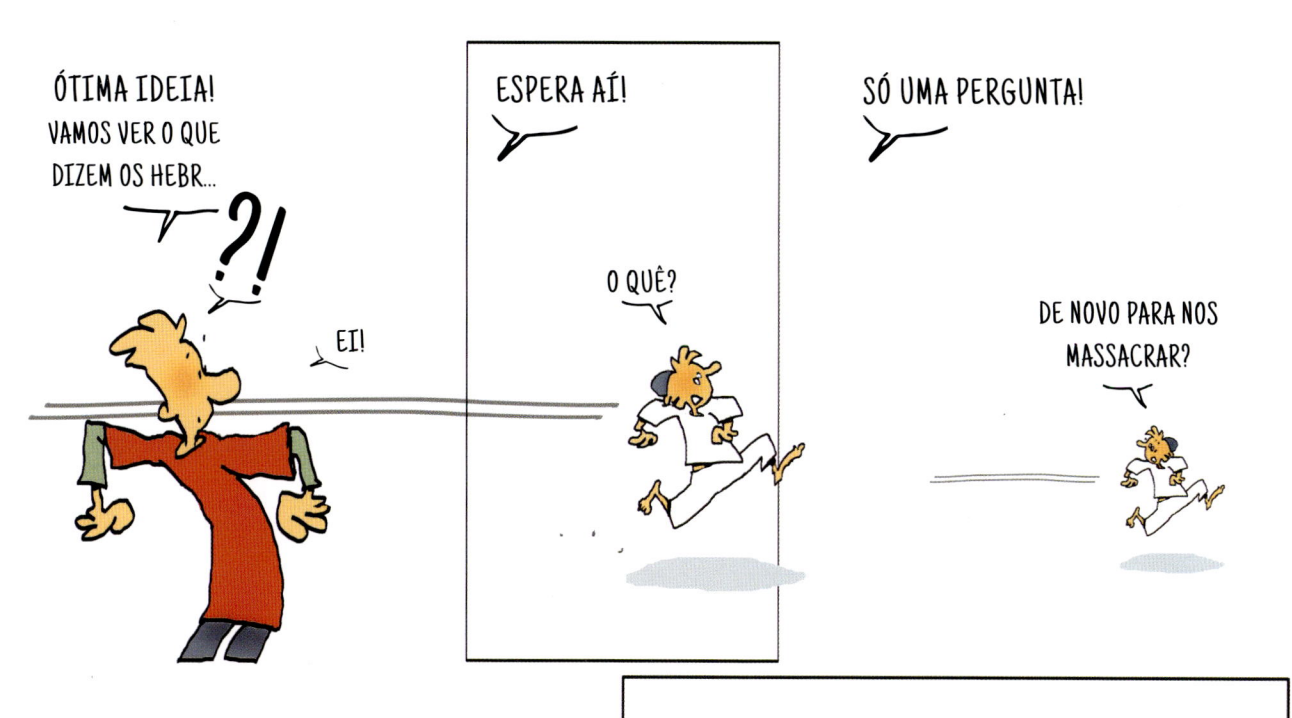

ÓTIMA IDEIA! VAMOS VER O QUE DIZEM OS HEBR...

EI!

ESPERA AÍ!

O QUÊ?

SÓ UMA PERGUNTA!

DE NOVO PARA NOS MASSACRAR?

AO CONTRÁRIO! PARA PARABENIZAR VOCÊS...

...POR TEREM SABIDO 3000 ANOS ANTES DE TODO MUNDO...

...QUE O SOL TINHA UM INÍCIO E UM FIM.

QUE COISA!

VOCÊ SE INTERESSA POR ESSE TIPO DE QUESTÕES?

CLARO.

PORQUE FAZ TRÊS MIL ANOS QUE TENTAMOS EXPLICAR ISSO...

E NINGUÉM SE INTERESSA!

DIZEM QUE
- NÃO É "RAZOÁVEL"
- É "CRENÇA"
- É "RELIGIÃO"...

E MASSACRAM A GENTE.

GRAÇAS AOS INSTRUMENTOS CIENTÍFICOS, AGORA SABEMOS QUE É VERDADE...

ENTÃO... A CIÊNCIA NOS DÁ RAZÃO?

EVIDENTEMENTE!

O NOSSO CONHECIMENTO DO UNIVERSO DÁ RAZÃO A VOCÊS...

...NESSE PONTO.

...E EU ME PERGUNTO COMO VOCÊS DESCOBRIRAM ISSO BEM ANTES DE TODO MUNDO?

É, SIM, MAS... NÓS...

...NÓS NÃO DESCOBRIMOS NADA...

SOUBEMOS DISSO PELOS PROFETAS.

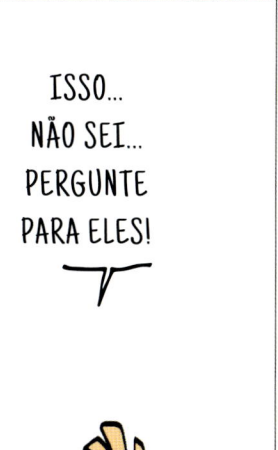

PELOS PROFETAS?! NOSSA! E COMO SOUBERAM DISSO, SEUS PROFETAS?

ISSO... NÃO SEI... PERGUNTE PARA ELES!

EM TODO CASO, ELES NOS ENSINAM UM MONTÃO DE COISAS!

OS PROFETAS?

SIM, ELES.

NO ENTANTO... HUM... NORMALMENTE... UM PROFETA FALA DE... RELIGIÃO...

...NÃO DE COISAS, HUM... CIENTÍFICAS... (O QUE É TRABALHO DOS ASTROFÍSICOS!)

AH?

UM PROFETA FALA DE DEUS... ELE FALA NA BÍBLIA, O PROFETA.

SEI DISSO.

JUSTAMENTE! ESTÁ NA BÍBLIA!

O QUÊ?

ESSA INFORMAÇÃO SOBRE O SOL.

O QUÊ?!

POXA! É IMPOSSÍVEL: ELA FALA DE RELIGIÃO.

A BÍBLIA.

É SÓ VERIFICAR!

VAMOS PENSAR... REALMENTE, ESSA PERGUNTA MERECE UMA INVESTIGAÇÃO.

PORQUE SE A BÍBLIA **SÓ** FALA DE RELIGIÃO, PODE SER QUE **SÓ** INTERESSE AOS MEMBROS DESSA RELIGIÃO...

PORÉM, SE ELA DIZ A VERDADE ANTES DE TODO MUNDO SOBRE ASSUNTOS IMPORTANTES PARA O MUNDO TODO, ISSO FAZ REFLETIR.

NÃO DÁ PARA DECRETAR DE CARA QUE A BÍBLIA NÃO CONTÉM NENHUMA INFORMAÇÃO CIENTÍFICA...

SOBRETUDO SE OS REDATORES ACERTARAM NESSAS COISAS TANTO TEMPO ANTES DA EXISTÊNCIA DOS NOSSOS INSTRUMENTOS CIENTÍFICOS!

SE A BÍBLIA NOS TRANSMITE INFORMAÇÕES EXATAS SOBRE AS ORIGENS DO UNIVERSO E DO SER HUMANO, TALVEZ ELA TENHA COISAS PARA NOS DIZER SOBRE O SENTIDO DE TUDO ISSO

E O FUTURO DO HOMEM...

Quadro 1:
— PODERÍAMOS ENTÃO VERIFICAR POR NÓS MESMOS?
— CLARO!... NÃO É MUITO COMPLICADO, E ASSIM... VAMOS SABER SE OS PROFETAS FALARAM SÓ DE "RELIGIÃO".
— OU NÃO.

Quadro 2:
— OK. VAMOS LÁ!
— VAMOS VERIFICAR NOS TEXTOS!
— PRECISAMOS DE UMA BÍBLIA!

Quadro 3:
— OLHA... ACHO QUE GUARDEI ESSE LIVRO EM ALGUM LUGAR...
— MAS ONDE?
— CUIDADO!

Quadro 4:
— HUM?! MAS?... O QUE VOCÊ ESTÁ FAZENDO?
— É ÓBVIO:

Quadro 5:
— TÔ FAZENDO O MEU TRABALHO...

Quadro 6:
— ABRO UM PARÊNTESE!

Quadro 7:
— BOM, ENTÃO... O SENHOR QUER UM PARÊNTESE DE QUE TAMANHO?

ESPERA AÍ! MAS... EU NÃO ENCOMENDEI NADA!
BOM... É PARA QUANDO O SENHOR QUISER...
AINDA MENOS UM... HUM...
UM PARÊNTESE!
TEM ALGUM PROBLEMA COM OS PARÊNTESES?
DE JEITO NENHUM!! ENFIM, EU... ESTOU FAZENDO UMA INVESTIGAÇÃO SOBRE O SOL NA BÍBLIA E ...
AH, TÁ!
PODIA TER DITO LOGO.
QUANDO É PARA A BÍBLIA, HOJE, A GENTE FAZ AUTOMATICAMENTE: (PARA EVITAR CONFUSÕES...)
ALIÁS, ESTÁ VENDO?
...TÁ ESCRITO NO FORMULÁRIO DE ENCOMENDA...
MAS O QUE O SENHOR FAZ "AUTOMATICAMENTE"?
POXA... FAÇO ISSO: ABRO UM PARÊNTESE... PORQUE É necessário...
necessário?
MAS SIM! PORQUE QUANDO SE FALA DA BÍBLIA, AS PESSOAS ACHAM QUE SE TRATA DE UM LIVRO...
SÓ QUE A BÍBLIA NÃO É UM LIVRO!...
ENTÃO É O QUÊ?
AH! O SENHOR TÁ VENDO QUE ESSE PARÊNTESE É necessário...

PARÊNTESE necessário...

ENTÃO, A BÍBLIA NÃO É UM LIVRO?

...MAS ENTÃO? É O QUÊ?!

OLHA, TOM...

NUNCA TE DISSERAM QUE...

A BÍBLIA É UMA BIBLIOTECA.

A SANTA BIBLIOTECA HEBRAICA.

? UMA BIBLIOTECA?

O QUE SE CHAMA BÍBLIA NÃO É UM LIVRO,

MAS UM CONJUNTO DE LIVROS!

E QUANDO A GENTE ENTRA NUMA BIBLIOTECA...

ROMANCES
BIOGRAFIAS
CONTOS
HISTÓRIA
POESIA
NARRATIVAS ÉPICAS
GEO...

VEMOS QUE HOUVE UMA CLASSIFICAÇÃO POR GÊNERO LITERÁRIO...

...ISSO PERMITE QUE NOS SITUEMOS.

NA BIBLIOTECA DOS HEBREUS, CHAMADA "BÍBLIA", TAMBÉM EXISTEM VÁRIOS GÊNEROS DE LIVROS...

ROMANCES
BIOGRAFIAS
CONTOS
NARRATIVAS ÉPICAS
HISTÓRIA
POESIA

...MAS A DIFICULDADE É QUE OS GÊNEROS NÃO ESTÃO INDICADOS...

Painel 1:
— ISSO É REALMENTE UM PROBLEMA?
— ABRA UM LIVRO PARA VER...
— COMBINADO. ESSE AQUI.

Painel 2:
— ABRA ONDE QUISER...
— QUE ESTRANHO!
— SE TRATA DE QUÊ?

Painel 3:
— DE UM CERTO JONAS. DENTRO DE... DE...?!?

Painel 4:
DE UMA BALEIA!!
("UM GRANDE PEIXE")

Painel 5:
— BLÉÉÉ!!
— NOS INTESTINOS DE UMA BALEIA!

Painel 6:
NORMALMENTE, OS SUCOS GÁSTRICOS DEVERIAM RAPIDAMENTE...

Painel 7:
...ACABAR COM O POBRE JONAS.

JONAS DEVIA SER DISSOLVIDO PELOS SUCOS GÁSTRICOS. DIGERIDO. OU ASFIXIADO PELA FALTA DE OXIGÊNIO...	MAS O QUE TÁ ESCRITO? NADA DISSO!	JONAS SE INSTALA DURANTE 3 DIAS E 3 NOITES NO VENTRE DO BICHO...

E AQUI, CLARO, ALGUNS LEITORES DEIXAM DE LADO, SE DIZENDO:

NUMA BALEIA! QUE ABSURDO!

EU ME PERGUNTO SE TUDO ISSO NÃO É UM CONTO PARA CRIANÇAS...

...E ELES ACRESCENTAM:

ESSA BÍBLIA NÃO TEM PÉ NEM CABEÇA!

NARRA COISAS IMPOSSÍVEIS COM BALEIAS, ISSO É PARA CRIANÇAS.

A BÍBLIA, EU POSSO DIZER QUE DEIXEI DE LADO RÁPIDO: FAZ AS CRIANÇAS ACREDITAREM QUE SE PODE MORAR NUMA BALEIA.

NUMA?

BALEIA.

DEIXE PARA LÁ! É BOBAGEM.

Painel 1:
DÁ PARA VER LOGO QUE ESSE LIVRO É UM LIVRO DE FÁBULAS.
QUAL LIVRO?
ESSE LIVRO DO QUAL VOCÊ ESTÁ ME FALANDO: A BÍBLIA.

Painel 2:
POR ISSO QUE O NOSSO PARÊNTESE É ÚTIL:
NA VERDADE VOCÊ NÃO FALAVA DA "BÍBLIA",
MAS DO LIVRO DE JONAS.
QUAL É A DIFERENÇA?

Painel 3:
NUMA BIBLIOTECA, VOCÊ TERIA LOGO REPARADO QUE ESSE "LIVRO DE JONAS" ESTAVA GUARDADO NA SEÇÃO DOS "CONTOS"...
ORA... QUE TAL UM CONTO...

Painel 4:
PORQUE SE TRATA DE UM "CONTO PROFÉTICO".
AH, TÁ! É UM "CONTO PROFÉTICO".
É UM GÊNERO LITERÁRIO.

Painel 5:
O LIVRO DE JONAS NÃO PRETENDE CONTAR UMA HISTÓRIA VERDADEIRA...
ESCUTOU, QUERIDA? É UM "CONTO PROFÉTICO"!
AH, TÁ! POR ISSO QUE SE PASSA NUMA BALEIA (EM PARTE)!

Painel 6:
O IMPORTANTE É QUE O LEITOR ESTEJA PREVENIDO.
NA BIBLIOTECA DOS HEBREUS, CHAMADA "BÍBLIA", HÁ ENTÃO VÁRIAS CATEGORIAS DE LIVROS.
ISSO! PORTANTO... SE UM DESSES LIVROS PARECE COM UM CONTO...
NÃO SIGNIFICA QUE A BÍBLIA INTEIRA SEJA UM CONTO...

Painel 7:
...MAS QUE A GENTE ESCOLHEU UM LIVRO DA SEÇÃO DOS "CONTOS"...
E A DIFICULDADE É QUE AS SEÇÕES NÃO ESTÃO INDICADAS.
MAS SABENDO DISSO, DÁ PARA LEVAR EM CONTA...
A GENTE LEVA EM CONTA OS CONTOS.

AH! O SENHOR ESTÁ AQUI!

VAMOS PODER FECHAR ESSE PARÊNTESE.

VIU? DÁ PARA APRENDER UM MONTE DE COISAS, NEM PARECE...

O SENHOR GOSTA DE TROCADILHO?

ÀS VEZES O PARÊNTESE VIRA UMA TESE!

É MESMO... EM TODO CASO, OBRIGADO PELAS INFORMAÇÕES!

AGORA PRECISO CONTINUAR A MINHA INVESTIGAÇÃO.

O SENHOR PROCURA O QUÊ (HEIN)?

SE NA BÍBLIA SE FALA DO SOL...

O SOL? FÁCIL DEMAIS!

TENHO UM MONTE DE CITAÇÕES NO REBOQUE!

> Deus fez os dois grandes luzeiros: o luzeiro maior, para dominar o dia, e o luzeiro menor, para dominar a noite, e as estrelas.
> GÊNESIS 1,16

VEJA, AQUI O SOL E A LUA NEM TÊM NOME.

PARA EVITAR A IDOLATRIA.

O SOL E A LUA SÃO CONSIDERADOS PELO QUE ELES SÃO: LUZEIROS.

QUER DIZER "LÂMPADAS".

?! DE ONDE ELE SAIU? SERÁ QUE EU NÃO FECHEI O PARÊNTESE DIREITO?

LUZEIROS OU LÂMPADAS, É TUDO IGUAL: NÃO HÁ RISCO DE SEREM CONFUNDIDOS COM DEUSES!

NA BÍBLIA, O SOL É SEMPRE TOMADO PELO QUE ELE É.

COMO OS HEBREUS TIVERAM A AUDÁCIA DE IR A ESSE PONTO CONTRA A CORRENTE?

— E COMO ELES TIVERAM RAZÃO ANTES DE TODO MUNDO?

— E ISSO APESAR DE TODAS AS APARÊNCIAS.

— E EU AINDA DIRIA MAIS...

— OS HEBREUS TIVERAM RAZÃO <u>CONTRA</u> TODAS AS APARÊNCIAS.

— PORQUE A GENTE TEM QUE ADMITIR QUE O SOL (E A LUA) NÃO PARECEM TER NEM INÍCIO NEM FIM. ESTÃO LÁ. E AS ESTRELAS TAMBÉM.

— E SE AS CIÊNCIAS EXPERIMENTAIS NÃO TIVESSEM DETERMINADO COM **TODA CERTEZA** QUE O SOL NÃO É ETERNO...

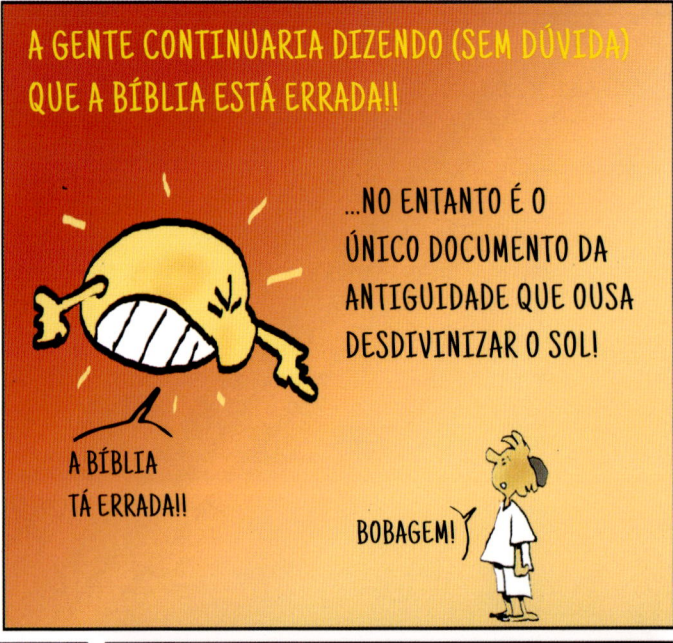

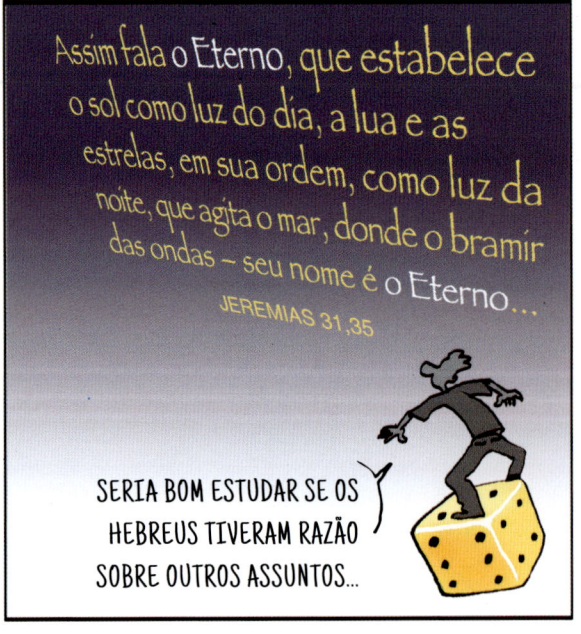

— ENTÃO, PEQUENINO... QUAL É A SUA IDADE?

— A GENTE CONTINUARIA DIZENDO (SEM DÚVIDA) QUE A BÍBLIA ESTÁ ERRADA!!

— A BÍBLIA TÁ ERRADA!!

— ...NO ENTANTO É O ÚNICO DOCUMENTO DA ANTIGUIDADE QUE OUSA DESDIVINIZAR O SOL!

— BOBAGEM!

— ESTÁ BEM. É IMPRESSIONANTE, MAS TALVEZ SEJA SORTE...

Assim fala o Eterno, que estabelece o sol como luz do dia, a lua e as estrelas, em sua ordem, como luz da noite, que agita o mar, donde o bramir das ondas – seu nome é o Eterno...
JEREMIAS 31,35

— SERIA BOM ESTUDAR SE OS HEBREUS TIVERAM RAZÃO SOBRE OUTROS ASSUNTOS...

OS HEBREUS DESDIVINIZARAM O SOL,

DESDIVINIZARAM OUTRA COISA?

SIM. A 🌙 E AS ⭐ QUE TAMBÉM ERAM DIVINDADES ETERNAS PARA OS GRANDES FILÓSOFOS GREGOS.

É ÓBVIO! OLHEM... OS ASTROS SÃO DEUSES.

NO SÉCULO III DEPOIS DE CRISTO, O FILÓSOFO PLOTINO AINDA ENSINA QUE O SOL É UMA SUBSTÂNCIA DIVINA!

POIS É! TAMBÉM DESDIVINIZARAM AS FONTES E AS COLINAS, OS ANIMAIS...

...AS ÁRVORES E OS RIOS...

PORQUE NESSES TEMPOS ANTIGOS, TODOS ESSES LUGARES ERAM O FEUDO DOS DEUSES...

SOBRETUDO ERA PRECISO TOMAR CUIDADO PARA NÃO CHATEÁ-LOS...

TODOS OS POVOS, TODAS AS CULTURAS ACHARAM JEITOS PARA ELES NÃO FICAREM **ZANGADOS**...

UFA! OBA! FUNCIONOU! MEU PRESENTE AGRADOU A DEUSA DO RIO!

ELA NÃO FICOU ZANGADA, DESTA VEZ...

ACHO QUE DESCOBRI O TRUQUE!

FOI ASSIM O INÍCIO DE COSTUMES E TRADIÇÕES ANCESTRAIS...

♪ MAIS PRESENTES PARA A DEUSA DA ÁGUA ♪

COM CANTOS RELIGIOSOS QUE TINHAM A FAMA DE AGRADAR A DEUSA...

TRADIÇÕES QUE CUSTAVAM CARO...

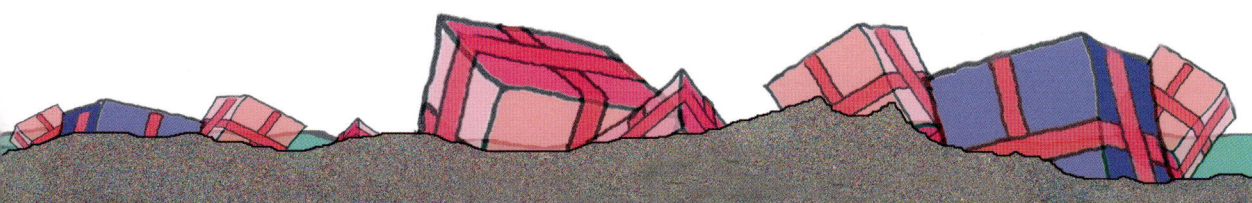

...E NÃO SOMENTE PARA O MEIO-AMBIENTE...

NOTA: Na verdade, há certamente tradições muito respeitáveis em todas essas religiões da Antiguidade, mas vocês logo vão entender por que a gente se entretém um pouco em criticá-las aqui.

O profeta Ezequiel não hesitava em chamar de "bolas de m." esses ídolos para os quais se ofereciam sacrifícios.

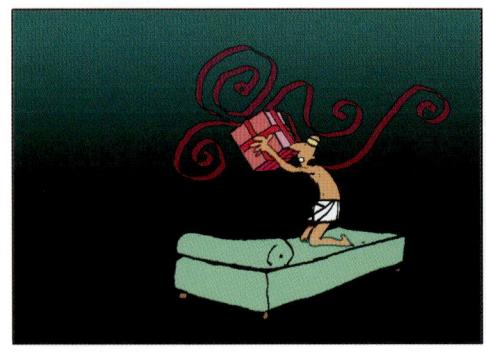

...MAS TAMBÉM POR RAZÕES FÁCEIS DE ENTENDER, (É SÓ ESTAR ATENTO O SUFICIENTE).

BEM, HUM... AGORA O PRESENTE SE TORNOU ULTRA-NESSESSÁRIO.

VIU?

MAS O PROBLEMA QUE NÓS ENCONTRAMOS RAPIDAMENTE FOI: IDEIAS PARA PRESENTE!

ORA: TENTE ADIVINHAR O QUE VAI AGRADAR A UMA DEUSA DA ÁGUA.

PEIXES?
ELA JÁ TEM.
UM LINDO CASACO?

...OU AO DEUS DO VENTO...
UMA TURBINA EÓLICA?
UM BIOMBO CHINÊS?

... E ESSE "PRESENTE", ELE CONTA MUITO PARA O SENHOR?

MUITO?! MAS?? COMO FAZER DE OUTRO JEITO?

TEM EM TODO LUGAR!
COM TODAS ESSAS DIVINDADES...

SE FOR PARA PARAR COM OS PRESENTES... O SENHOR IMAGINA?
SERIA INFERNAL!

ENTÃO... O SENHOR ESTÁ APEGADO A ESSES PRESENTES SIMBÓLICOS E, NO ENTANTO, ELES O IMPEDEM DE DORMIR...

NÃO É ISSO? É. É INFERNAL.

E HÁ MUITO TEMPO QUE O SENHOR PERDEU O SONO?

RRROOZZZZ

ACABOU!

Painel 1:
NÃO! NÃO QUERO MORRER!
OLHA... TENHO UM PRESENTE MUITO MAIOR!
PARA O SENHOR! É PARA O SENHOR!

Painel 2:
ACORDE, SENHOR DA ANTIGUIDADE!
HOJE ACABOU...
ATÉ A SEMANA QUE VEM.
AH!

Painel 3:
SUAS DIVINDADES, SEUS SACRIFÍCIOS, TUDO ISSO... É UM CÍRCULO VICIOSO...
TEM QUE SAIR DESSA ANGÚSTIA!
NÃO TEM NINGUÉM, NO SEU MEIO, PARA QUESTIONAR ESSAS VELHAS "TRADIÇÕES"?

Painel 4:
?

Painel 5:
(SUSPIRO)...
AS PESSOAS DA ANTIGUIDADE SÃO MUITO RELIGIOSAS... MUITO...
ACREDITAM MUITO NAS DIVINDADES...
...MAS POUCO NA PSICANÁLISE...
(SUSPIRO)

Painel 6:
ALÔ, ZIGMUND?
AS CRENÇAS DELES OS IMPEDEM DE EXERCITAR UMA REFLEXÃO CRÍTICA.

Painel 7:
TENHO A IMPRESSÃO QUE TODOS OS POVOS DA ANTIGUIDADE SÃO IGUAIS.
NÃO TEM NENHUM MOTIVO PARA QUE ISSO EVOLUA.
ESPERE! NÃO É UMA CRÍTICA. É UMA CONSTATAÇÃO.

Painel 8:
PODE ME CITAR SOMENTE UM POVO QUE SAIRIA DESSE SISTEMA DE TOTEM E TABU?
UM SÓ!

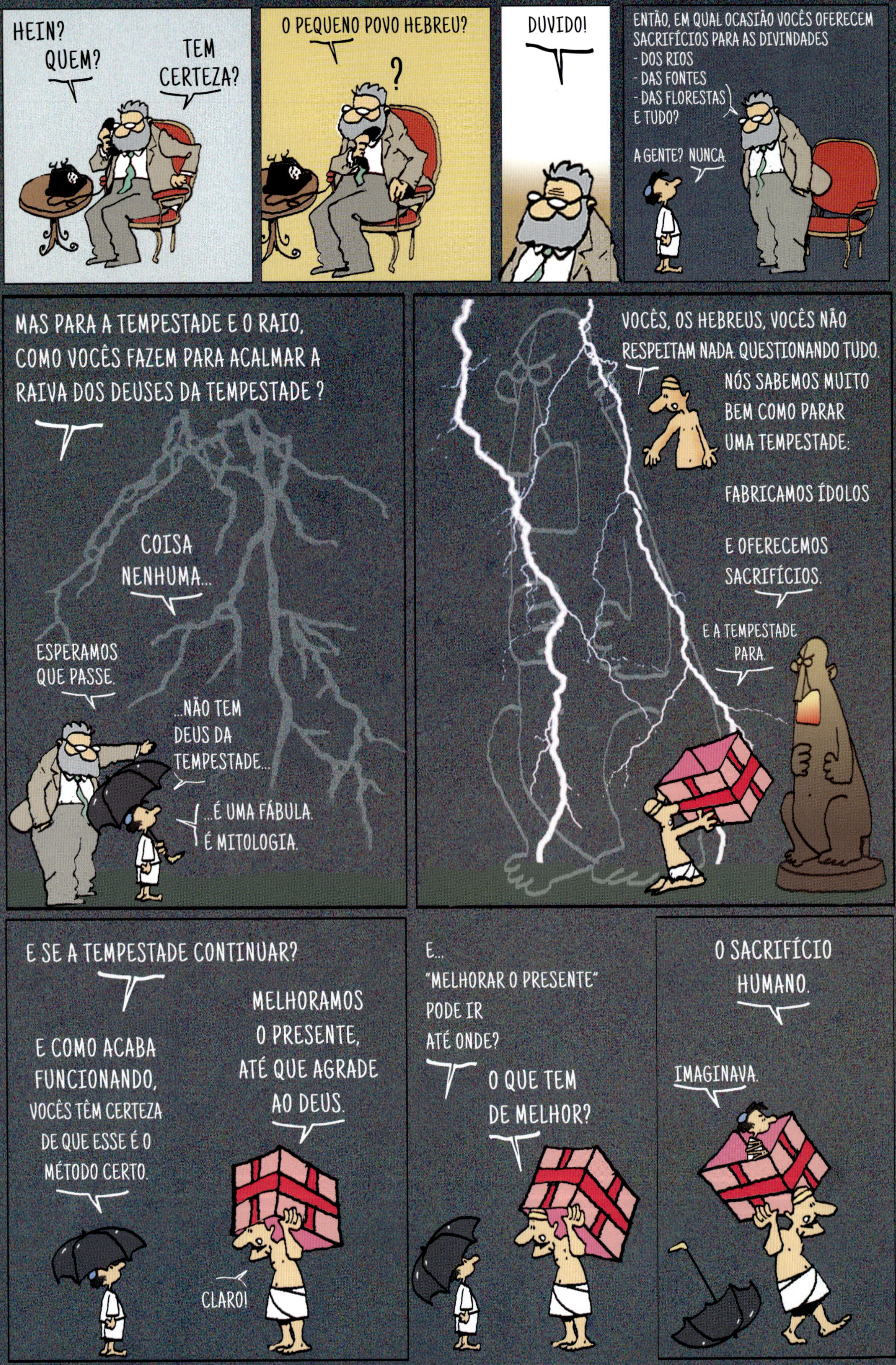
HEIN? QUEM?
TEM CERTEZA?
O PEQUENO POVO HEBREU?
?
DUVIDO!
ENTÃO, EM QUAL OCASIÃO VOCÊS OFERECEM SACRIFÍCIOS PARA AS DIVINDADES
- DOS RIOS
- DAS FONTES
- DAS FLORESTAS
E TUDO?
A GENTE? NUNCA.
MAS PARA A TEMPESTADE E O RAIO, COMO VOCÊS FAZEM PARA ACALMAR A RAIVA DOS DEUSES DA TEMPESTADE ?
COISA NENHUMA...
ESPERAMOS QUE PASSE.
...NÃO TEM DEUS DA TEMPESTADE...
...É UMA FÁBULA. É MITOLOGIA.
VOCÊS, OS HEBREUS, VOCÊS NÃO RESPEITAM NADA. QUESTIONANDO TUDO.
NÓS SABEMOS MUITO BEM COMO PARAR UMA TEMPESTADE:
FABRICAMOS ÍDOLOS
E OFERECEMOS SACRIFÍCIOS.
E A TEMPESTADE PARA.
E SE A TEMPESTADE CONTINUAR?
MELHORAMOS O PRESENTE, ATÉ QUE AGRADE AO DEUS.
E COMO ACABA FUNCIONANDO, VOCÊS TÊM CERTEZA DE QUE ESSE É O MÉTODO CERTO.
CLARO!
E... "MELHORAR O PRESENTE" PODE IR ATÉ ONDE?
O QUE TEM DE MELHOR?
O SACRIFÍCIO HUMANO.
IMAGINAVA.

SACRIFÍCIOS HUMANOS!

NA VERDADE, TINHA EM TODOS OS LUGARES!

TODOS! E NÃO SEI POR QUE OS HEBREUS NÃO FARIAM QUE NEM OS VIZINHOS.

ALIÁS, VEMOS BEM QUE ABRAÃO NÃO HESITA EM FAZER UM SACRIFÍCIO HUMANO!

É, SIM! NA BÍBLIA, ABRAÃO SOBE NO MONTE MORIAH PARA SACRIFICAR QUEM?...

O PRÓPRIO FILHO! ISAAC.

ENTÃO NÃO VENHA ME CONTAR QUE OS HEBREUS SÃO MELHORES!

PODEMOS RESPEITAR ALGUNS ASPECTOS DESSAS RELIGIÕES, SIM...

MAS NUNCA PODEREI ACEITAR ESSES ASSASSINATOS RITUAIS.

O FAMOSO QUADRO DE REMBRANDT FALA POR SI MESMO!

POUCO IMPORTA A RELIGIÃO,
OS SACRIFÍCIOS HUMANOS SÃO A PRAGA DA ANTIGUIDADE!
(JUNTO COM A ESCRAVIDÃO...)
IMAGINA!
SE O PENSAMENTO HUMANO E OS COMPORTAMENTOS NÃO TIVESSEM EVOLUÍDO...?
...6H DA MANHÃ, ALGUÉM TOCA A CAMPAINHA...
BOOM BOOM
SIM? O QUE É?
POLÍCIA! ABRA! NÃO RESISTA!
HEIN?! A POLÍCIA!!
NADA GRAVE... EU ESPERO!!
PAGO MINHAS TAXAS E OS IMPOSTOS!
E A LICENÇA DA TEVÊ!
AO CONTRÁRIO.
VOCÊ FOI ESCOLHIDO, SENHOR ØFENSTRÜ...
PARABÉNS!
PAPAI! PAPAI! QUEM É?
ESCOLHIDO?
ESCOLHIDO! ENFIM... NÃO VOCÊ (É CLARO).
...MAS SEUS FILHOS.
...PARA O GRANDE SACRIFÍCIO DESSE FIM DE SEMANA.
É UMA ABOMINAÇÃO MONSTRUOSA.
NA VERDADE, ESSA PRÁTICA ERA TÃO COMUM E JUSTIFICADA POR UMA TRADIÇÃO ANCESTRAL TÃO FORTE, QUE EU NÃO VEJO POR QUAL RAZÃO
ELA PODERIA SER ABANDONADA UM DIA...
EM TODO CASO, PODEMOS AGRADECER A TODOS QUE LUTARAM CONTRA ESSA PRAGA!
E O SENHOR NUNCA INVESTIGOU PARA SABER COMO ISSO PAROU?
AINDA NÃO, MAS...
ME FALE DA SUA INFÂNCIA.

SOBRETUDO VOU FALAR SOBRE A INFÂNCIA DE ISAAC...

...PORQUE PARECE QUE O PAI DELE, ABRAÃO, FOI A ORIGEM DESSA MUDANÇA CONSIDERÁVEL DOS COSTUMES...

...E VAMOS ESTUDAR SE ELE CONTRIBUIU PARA A ABOLIÇÃO DESSAS TRADIÇÕES DESUMANAS E CRIMINOSAS QUE O SENHOR DESCREVEU TÃO CLARAMENTE.

VOCÊ ACHA?

NÃO "ACHO". DIGO: VAMOS ESTUDAR.

SEM DÚVIDA, O LEITOR ATENTO CONSEGUIRÁ DESCUBRIR A PALAVRA-CHAVE QUE PERMITE ENTENDER MELHOR TUDO ISSO.

UMA PALAVRA-CHAVE?

ABRAÃO SE PREPARAVA MESMO PARA SACRIFICAR O PRÓPRIO FILHO, SEGUNDO OS COSTUMES DO POVO CALDAICO AO QUAL ELE PERTENCIA...

...MAS ELE ENTENDEU QUE O DEUS ÚNICO NÃO QUERIA NENHUM SACRIFÍCIO HUMANO.

PAREM OS SACRIFÍCIOS

NUNCA MAIS.

PORQUE OS SACRIFÍCIOS HUMANOS SÃO UMA "ABOMINAÇÃO", COMO O SENHOR DISSE, E COMO A BÍBLIA DIZ[(2)]...

(2) LEVÍTICO 18,26.

NÃO É VERDADE QUE A FÉ DE ABRAÃO É MAIS NOTÁVEL NESSA ESCOLHA DE "NÃO SACRIFÍCIO" DO QUE NA ROTINA DOS ASSASSINATOS RITUAIS TRADICIONAIS?

O "NÃO SACRIFÍCIO DE ISAAC", SEGUNDO O VERDADEIRO QUADRO DE REMBRANDT.

TENTE O JOGO DOS 7 ERROS ENTRE ESSAS DUAS VERSÕES DO QUADRO DE REMBRANDT...

...VOCÊ CONSTATARÁ QUE A GRANDE SURPRESA DE ABRAÃO FOI QUE O DEUS DESCONHECIDO QUE ELE ENCONTROU É DIFERENTE DE TODOS OS OUTROS...

O DEUS DE ABRAÃO DETESTA ASSASSINATOS E SACRIFÍCIOS HUMANOS.

É UMA REVOLUÇÃO IMENSA.

MESMO SE TEM ÉPOCAS DE REGRESSÃO.

UMA TAL REFORMA SÓ SE PODE EFETUAR POR ETAPAS.

OK!

É POR ISSO QUE OS HEBREUS PASSAM PELA ETAPA PROVISÓRIA DOS SACRIFÍCIOS DE ANIMAIS.

PAREM OS SACRIFÍCIOS

É UMA PEDAGOGIA.

PROVISÓRIA?!

VOCÊS ESTÃO BRINCANDO!

OS SACRIFÍCIOS DE ANIMAIS AINDA EXISTEM NA ÉPOCA DE JESUS.

SIM. MAS OS PROFETAS DISSERAM E REPETIRAM QUE ESSES SACRIFÍCIOS ERAM INÚTEIS:

PAREM OS SACRIFÍCIOS

FIZERAM TUDO PARA ACABAR COM ESSA PRÁTICA...

...MESMO QUANDO NÃO ERAM OUVIDOS!

ASSIM COMO NESSAS ÉPOCAS DE REGRESSÃO, QUANDO ISRAEL FOI TENTADO PELOS CULTOS SACRIFICIAIS DOS VIZINHOS CANANEUS.

PARA PASSAR DO HÁBITO ANCESTRAL DOS SACRIFÍCIOS HUMANOS...

...À NOVIDADE: "ZERO SACRIFÍCIO"...

LONGE DEMAIS!

Zero sacrifício

Sacrifícios humanos

...DÁ PARA ENTENDER QUE UMA ETAPA INTERMEDIÁRIA FOI NECESSÁRIA.

A ETAPA DOS SACRIFÍCIOS DE ANIMAIS.

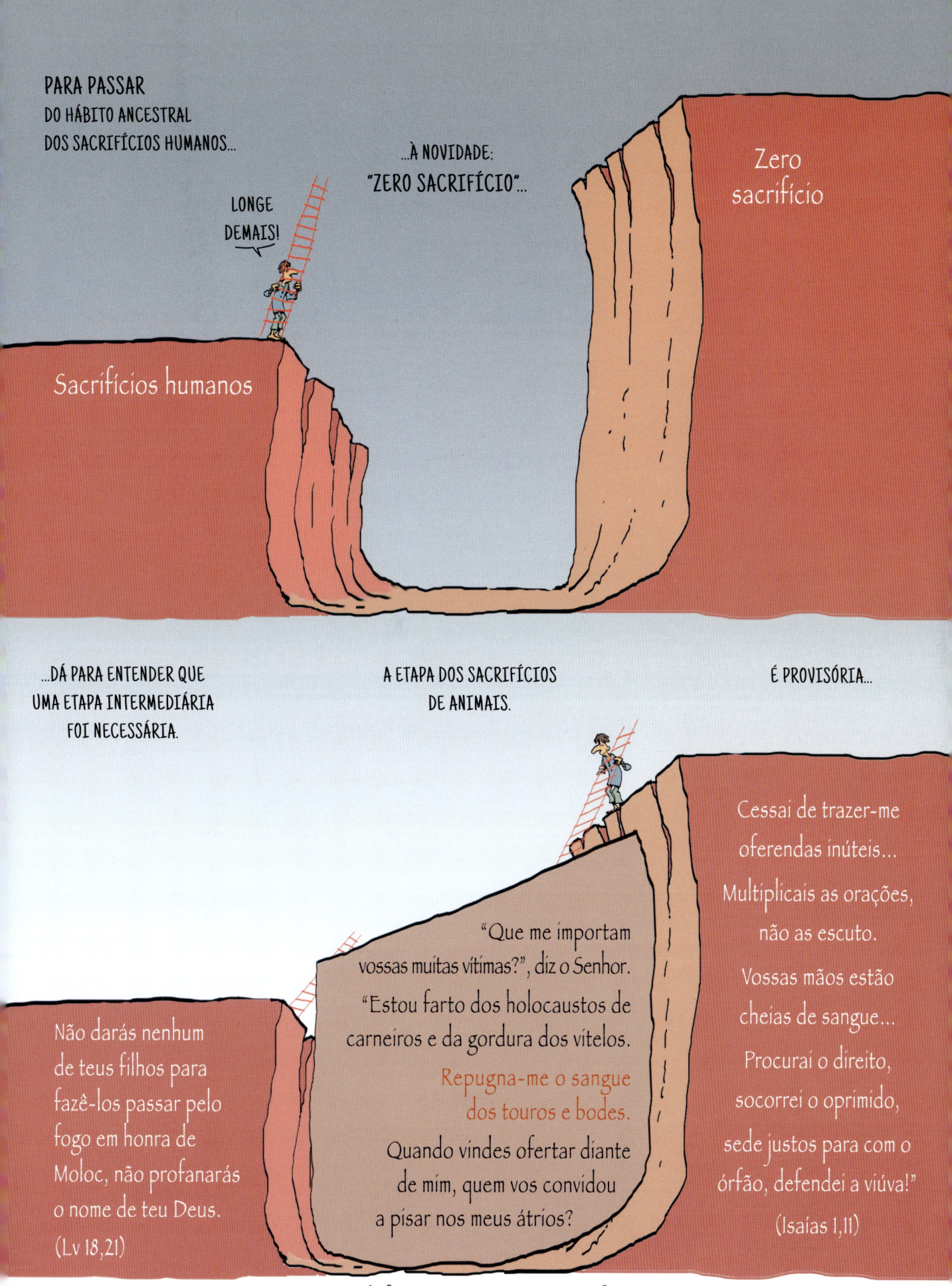

É PROVISÓRIA...

Não darás nenhum de teus filhos para fazê-los passar pelo fogo em honra de Moloc, não profanarás o nome de teu Deus.
(Lv 18,21)

"Que me importam vossas muitas vítimas?", diz o Senhor. "Estou farto dos holocaustos de carneiros e da gordura dos vitelos. Repugna-me o sangue dos touros e bodes. Quando vindes ofertar diante de mim, quem vos convidou a pisar nos meus átrios?

Cessai de trazer-me oferendas inúteis... Multiplicais as orações, não as escuto. Vossas mãos estão cheias de sangue... Procurai o direito, socorrei o oprimido, sede justos para com o órfão, defendei a viúva!"
(Isaías 1,11)

...O OBJETIVO É NÃO SE CONFORMAR COM A SITUAÇÃO...

Quadro 1: E COMO VOCÊS NOTARAM, TEMOS QUE AVANÇAR PARA UM OBJETIVO PRECISO.

Quadro 2: PODERIA DIZER QUAL É? (AMIGO LEITOR)
É UMA NOVA CHARADA NESSE QUADRINHO INTERATIVO.

Quadro 3: ESPERE! PRIMEIRO PRECISA RESPONDER À PERGUNTA ANTERIOR! DESDE A "PÁGINA 35", ESTAMOS PROCURANDO: UMA PALAVRA-CHAVE.
RESPOSTA: É A PALAVRA ETAPAS.

Quadro 4: ISSO FOI BASTANTE FÁCIL DE ACHAR... MAS NÃO TÃO FÁCIL DE PÔR EM PRÁTICA! ISSO MESMO. SEMPRE NOS AGARRAMOS À ETAPA QUE ESTÁ NA MODA.
DAÍ A EXPRESSÃO: "SEGURE-SE NO SACRIFÍCIO, QUE EU TIRO A ESCADA"[3].

Quadro 5: ME DIZ UMA COISA, JOVEM... ESSE OBJETIVO (PRECISO) ESTARIA RELACIONADO COM A PALAVRA "EVOLUÇÃO"?
OU COM A PALAVRA "CRIAÇÃO"? (NA VERDADE)

Quadro 6: EVOLUÇÃO OU CRIAÇÃO? NÃO TENHO CERTEZA. SERIA PRECISO ESTUDAR A QUESTÃO. ÓTIMA IDEIA! VAI SER A NOSSA PRÓXIMA INVESTIGAÇÃO.

Quadro 7: PARA MIM, TUDO O QUE EU SEI É QUE A RESPOSTA FICA NO ALTO NA ESCADA... NÃO "ACHO". TENHO CERTEZA! VOCÊ ACHA? QUE SUSPENSE!

(3) TROCADILHO BASEADO NUMA PIADA FAMOSA EM FRANCÊS: DOIS LOUCOS ESTÃO PINTANDO UMA PAREDE. UM DOS LOUCOS ESTÁ EM CIMA DE UMA ESCADA. O OUTRO PRECISA TAMBÉM DA ESCADA. AÍ ELE FALA: "SEGURE-SE NO PINCEL, QUE EU TIRO A ESCADA!" (N. DOS T.).

VEJAM... CRUZAMOS AS GRANDES ETAPAS...

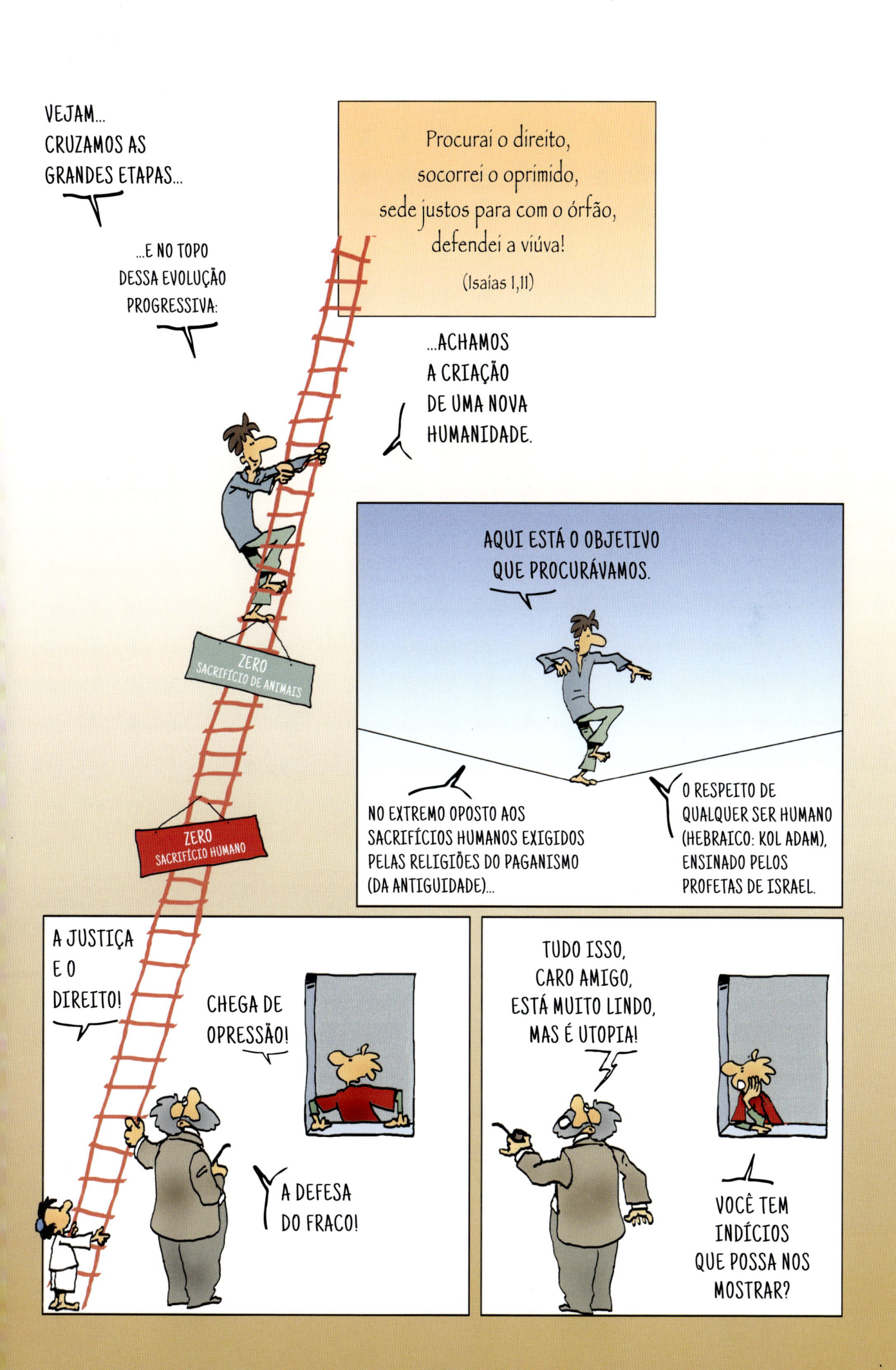

...E NO TOPO DESSA EVOLUÇÃO PROGRESSIVA:

Procurai o direito, socorrei o oprimido, sede justos para com o órfão, defendei a viúva!

(Isaías 1,11)

...ACHAMOS A CRIAÇÃO DE UMA NOVA HUMANIDADE.

ZERO SACRIFÍCIO DE ANIMAIS

ZERO SACRIFÍCIO HUMANO

AQUI ESTÁ O OBJETIVO QUE PROCURÁVAMOS.

NO EXTREMO OPOSTO AOS SACRIFÍCIOS HUMANOS EXIGIDOS PELAS RELIGIÕES DO PAGANISMO (DA ANTIGUIDADE)...

O RESPEITO DE QUALQUER SER HUMANO (HEBRAICO: KOL ADAM), ENSINADO PELOS PROFETAS DE ISRAEL.

A JUSTIÇA E O DIREITO!

CHEGA DE OPRESSÃO!

A DEFESA DO FRACO!

TUDO ISSO, CARO AMIGO, ESTÁ MUITO LINDO, MAS É UTOPIA!

VOCÊ TEM INDÍCIOS QUE POSSA NOS MOSTRAR?

TENHO INDÍCIOS, SIM. QUE TAL UMA SOCIEDADE CAPAZ DE ABOLIR A ESCRAVIDÃO?

CONCORDO...

POIS É, O POVO HEBREU OUSOU DAR ESSE PASSO HISTÓRICO.

POXA... EU DIRIA QUE REALMENTE ISSO É UM GRANDE PASSO PARA UMA SOCIEDADE MAIS HUMANA.

FOI UMA NOVIDADE REVOLUCIONÁRIA, NESSA ANTIGUIDADE DESPREOCUPADA COM O INDIVÍDUO.

O QUÊ?! VOCÊ QUER DIZER QUE ELES ABOLIRAM A ESCRAVIDÃO?

EXATAMENTE! FORAM OS PRIMEIROS!...

...PORÉM, OS HEBREUS NÃO ERAM MELHORES QUE OS OUTROS!

ENTÃO COMO EXPLICAR UMA TAL MUDANÇA DE COMPORTAMENTO?

É CLARO QUE NÓS PODEMOS AGRADECER AOS PROFETAS, QUE CUMPRIRAM ESSA OBRA CONSIDERÁVEL FREQUENTEMENTE PONDO EM PERIGO A PRÓPRIA VIDA.

ESSA MUDANÇA NÃO ACONTECEU DE UMA VEZ SÓ, LÁ TAMBÉM FOI PRECISO PASSAR POR ETAPAS...

OS PROFETAS, OS PROFETAS! VOCÊ SÓ CONHECE ESSA PALAVRA!!...

...MAS ESSES CARAS CUIDAM DE RELIGIÃO! NÃO CUIDAM DE LEIS SOCIAIS!

NO ENTANTO, É PRECISO QUE **ALGUÉM** TRANSMITA AS INFORMAÇÕES NOVAS...

SE NÃO, NÃO HÁ MUDANÇA.

...SEM ISSO, O QUE FARIA EVOLUIR AS MENTALIDADES E OS COMPORTAMENTOS?

MAS SEUS PROFETAS SÓ PRESERVAM AS VELHAS CRENÇAS!

NADA DE "NOVO"!

PSST, PROFESSOR! HUM... DOUTOR!... TENHO UMA IDEIA!

Painel 1:
— VOCÊ TEM UMA IDEIA?
— SIM. VAMOS INVESTIGAR.
— E VAMOS VER SE ELES PROPUSERAM ALGUMA NOVIDADE:
— SOBRE O QUE FIZERAM OS PROFETAS...
☐ um pouco
☐ muito
☐ nem um pouco
☐ nunhuma das respostas acima

Painel 2:
— CUIDADO: UMA INVESTIGAÇÃO NÃO É UMA PESQUISA DE OPINIÃO!
— VAMOS PROCURAR ELEMENTOS OBJETIVOS... ...VERIFICÁVEIS.
— CLARO!
— NADA PODE SER DEIXADO AO ACASO!

Painel 3:
— VAMOS PROCEDER COM MÉTODO.
— NÃO VOU TOLERAR NENHUM ERRO NO RELATÓRIO...
— ...NEM NA AVALIAÇÃO.
— É ÓBVIO!

Painel 4:
— ENTÃO, NESSE CASO, SÓ SE AS CONDIÇÕES RACIONAIS FOREM RESPEITADAS,
— VEREMOS MELHOR.
— MAS?!

Painel 5:
— ...ELE SUMIU!

Painel 6:
— EPA! DESAPARECIDO! EXATAMENTE NA HORA DO PROCEDIMENTO CIENTÍFICO!

Painel 7:
— AQUI, DOUTOR...
— ACHEI ONDE ANOTAR TODAS ESSAS QUESTÕES.

Painel 8:
— JÁ CONSTATAMOS O TRABALHO DE DESDIVINIZAÇÃO DO UNIVERSO E DE TUDO O QUE ELE CONTÉM...
— ...PORQUE, PARA OS HEBREUS, DEUS É DIFERENTE DO UNIVERSO...

Painel 9:
— ...NENHUM ELEMENTO DO UNIVERSO É DEUS.
— ...E ENTÃO: NADA DO UNIVERSO É DIVINO...

Painel 10:
— ISSO.
— E DAÍ?
— ENTÃO... É UMA VERDADEIRA REVOLUÇÃO:
— ?!
— UMA LIBERTAÇÃO DO PENSAMENTO.

POIS É! LIBERANDO A INTELIGÊNCIA DAS ANGÚSTIAS E DAS SUPERSTIÇÕES,

E DA IDOLATRIA INFANTIL...

"Não temais: eles não fazem mal e também não ajudam [...]. São tolos e estúpidos; é vã sua instrução: é madeira, são lâminas de prata importada de Társis e ouro de Ofir, obras do artesão e da mão do ourives! Vestidos de púrpura violeta e escarlate! Todas são frutos de homens hábeis!"

Profeta Jeremias, capítulo 10

...NÃO PARECE EXAGERADO RECONHECER QUE OS PROFETAS PERMITIRAM À MENTE FUNCIONAR CORRETAMENTE...

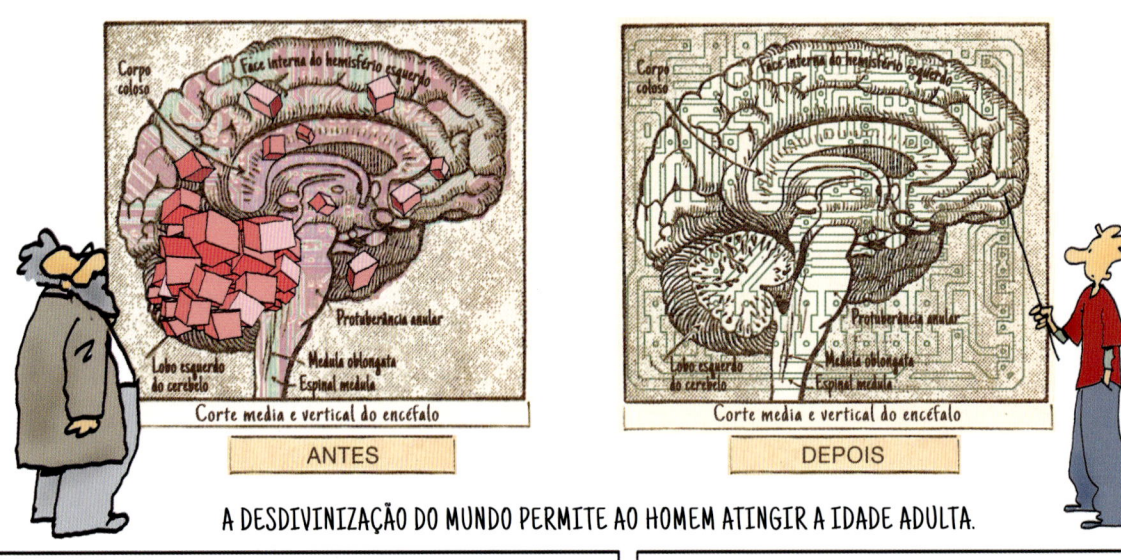

ANTES

DEPOIS

A DESDIVINIZAÇÃO DO MUNDO PERMITE AO HOMEM ATINGIR A IDADE ADULTA.

PARA OS LEITORES QUE NÃO GOSTAM DE IMAGENS DE CÉREBROS, PROPOMOS ESSA VERSÃO.

ANTES — DEPOIS

Libertação da obsessão dos cultos cruéis dos Baals e dos Molochs.

NO UNIVERSO BÍBLICO, ESSE DESPOJAMENTO DE TODA IDOLATRIA E MITOLOGIA TEVE CONSEQUÊNCIAS CONSIDERÁVEIS...

NA SUA OPINIÃO, QUAIS SÃO AS CONSEQUÊNCIAS?

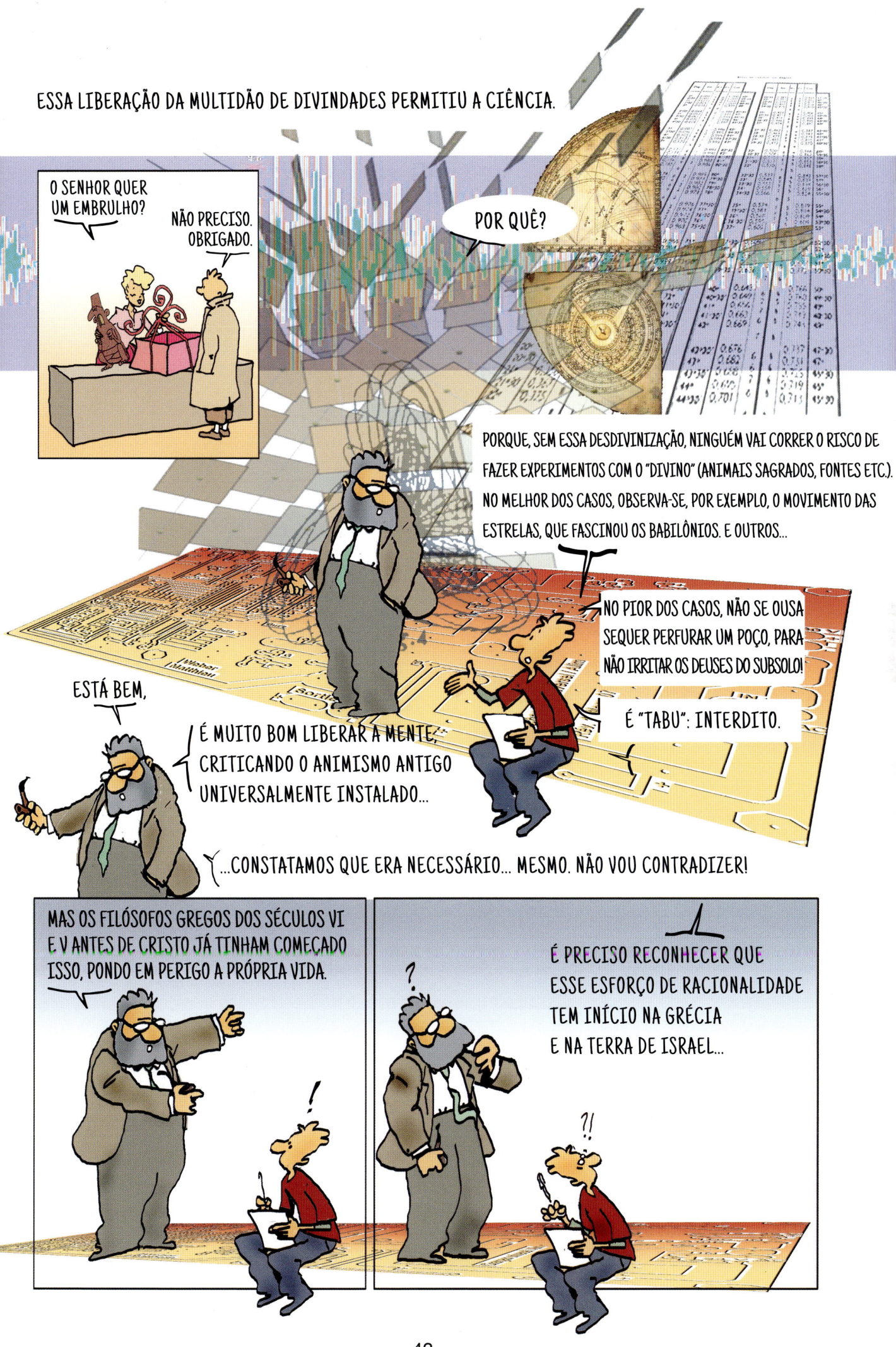

ESSA LIBERAÇÃO DA MULTIDÃO DE DIVINDADES PERMITIU A CIÊNCIA.

— O SENHOR QUER UM EMBRULHO?
— NÃO PRECISO. OBRIGADO.

— POR QUÊ?

— PORQUE, SEM ESSA DESDIVINIZAÇÃO, NINGUÉM VAI CORRER O RISCO DE FAZER EXPERIMENTOS COM O "DIVINO" (ANIMAIS SAGRADOS, FONTES ETC.). NO MELHOR DOS CASOS, OBSERVA-SE, POR EXEMPLO, O MOVIMENTO DAS ESTRELAS, QUE FASCINOU OS BABILÔNIOS. E OUTROS...

— NO PIOR DOS CASOS, NÃO SE OUSA SEQUER PERFURAR UM POÇO, PARA NÃO IRRITAR OS DEUSES DO SUBSOLO!

— É "TABU": INTERDITO.

— ESTÁ BEM, É MUITO BOM LIBERAR A MENTE, CRITICANDO O ANIMISMO ANTIGO UNIVERSALMENTE INSTALADO...

...CONSTATAMOS QUE ERA NECESSÁRIO... MESMO. NÃO VOU CONTRADIZER!

— MAS OS FILÓSOFOS GREGOS DOS SÉCULOS VI E V ANTES DE CRISTO JÁ TINHAM COMEÇADO ISSO, PONDO EM PERIGO A PRÓPRIA VIDA.

— É PRECISO RECONHECER QUE ESSE ESFORÇO DE RACIONALIDADE TEM INÍCIO NA GRÉCIA E NA TERRA DE ISRAEL...

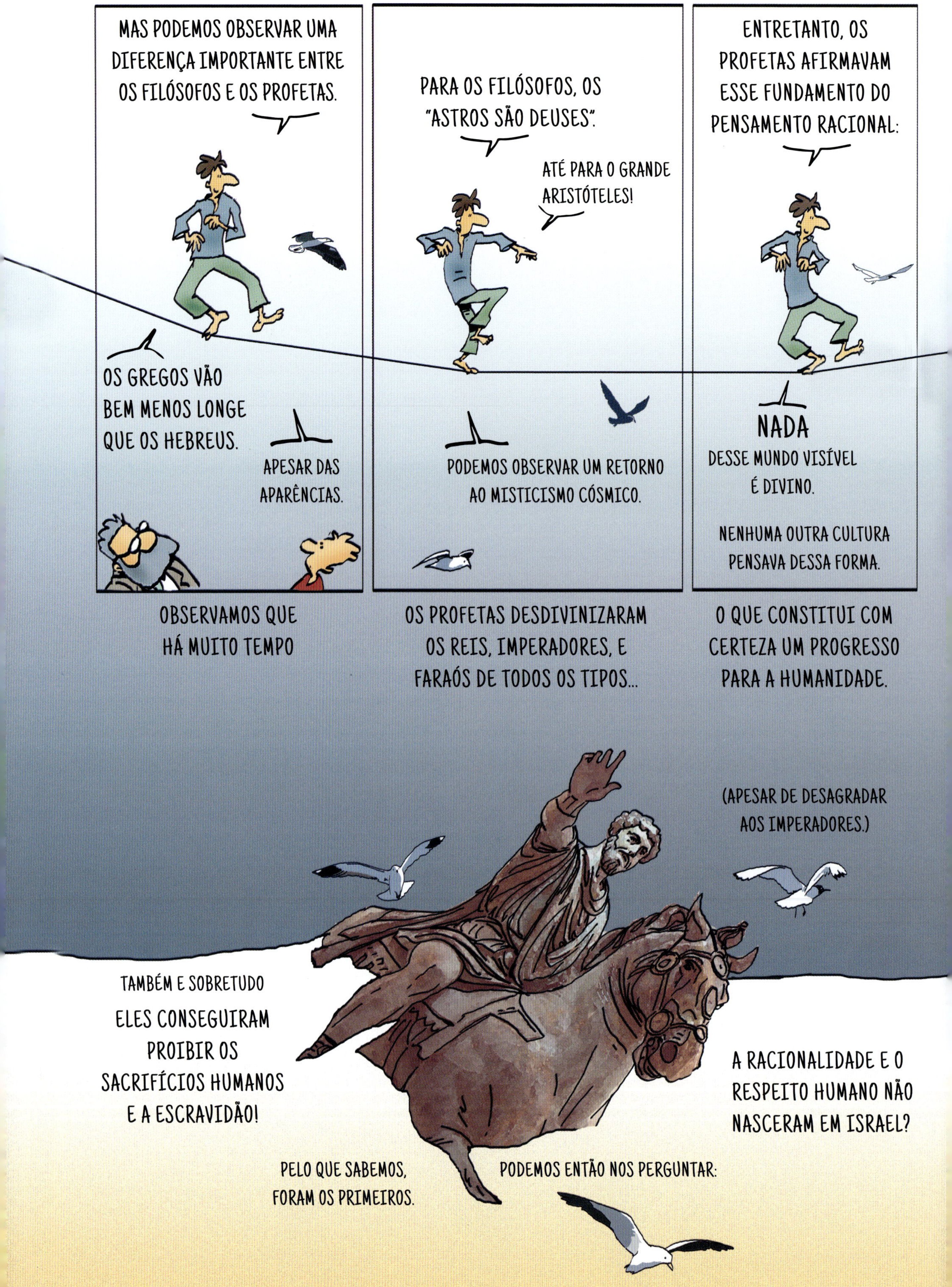

MAS PODEMOS OBSERVAR UMA DIFERENÇA IMPORTANTE ENTRE OS FILÓSOFOS E OS PROFETAS.

PARA OS FILÓSOFOS, OS "ASTROS SÃO DEUSES".

ATÉ PARA O GRANDE ARISTÓTELES!

ENTRETANTO, OS PROFETAS AFIRMAVAM ESSE FUNDAMENTO DO PENSAMENTO RACIONAL:

OS GREGOS VÃO BEM MENOS LONGE QUE OS HEBREUS.

APESAR DAS APARÊNCIAS.

PODEMOS OBSERVAR UM RETORNO AO MISTICISMO CÓSMICO.

NADA DESSE MUNDO VISÍVEL É DIVINO.

NENHUMA OUTRA CULTURA PENSAVA DESSA FORMA.

OBSERVAMOS QUE HÁ MUITO TEMPO

OS PROFETAS DESDIVINIZARAM OS REIS, IMPERADORES, E FARAÓS DE TODOS OS TIPOS...

O QUE CONSTITUI COM CERTEZA UM PROGRESSO PARA A HUMANIDADE.

(APESAR DE DESAGRADAR AOS IMPERADORES.)

TAMBÉM E SOBRETUDO
ELES CONSEGUIRAM PROIBIR OS SACRIFÍCIOS HUMANOS E A ESCRAVIDÃO!

PELO QUE SABEMOS, FORAM OS PRIMEIROS.

PODEMOS ENTÃO NOS PERGUNTAR:

A RACIONALIDADE E O RESPEITO HUMANO NÃO NASCERAM EM ISRAEL?

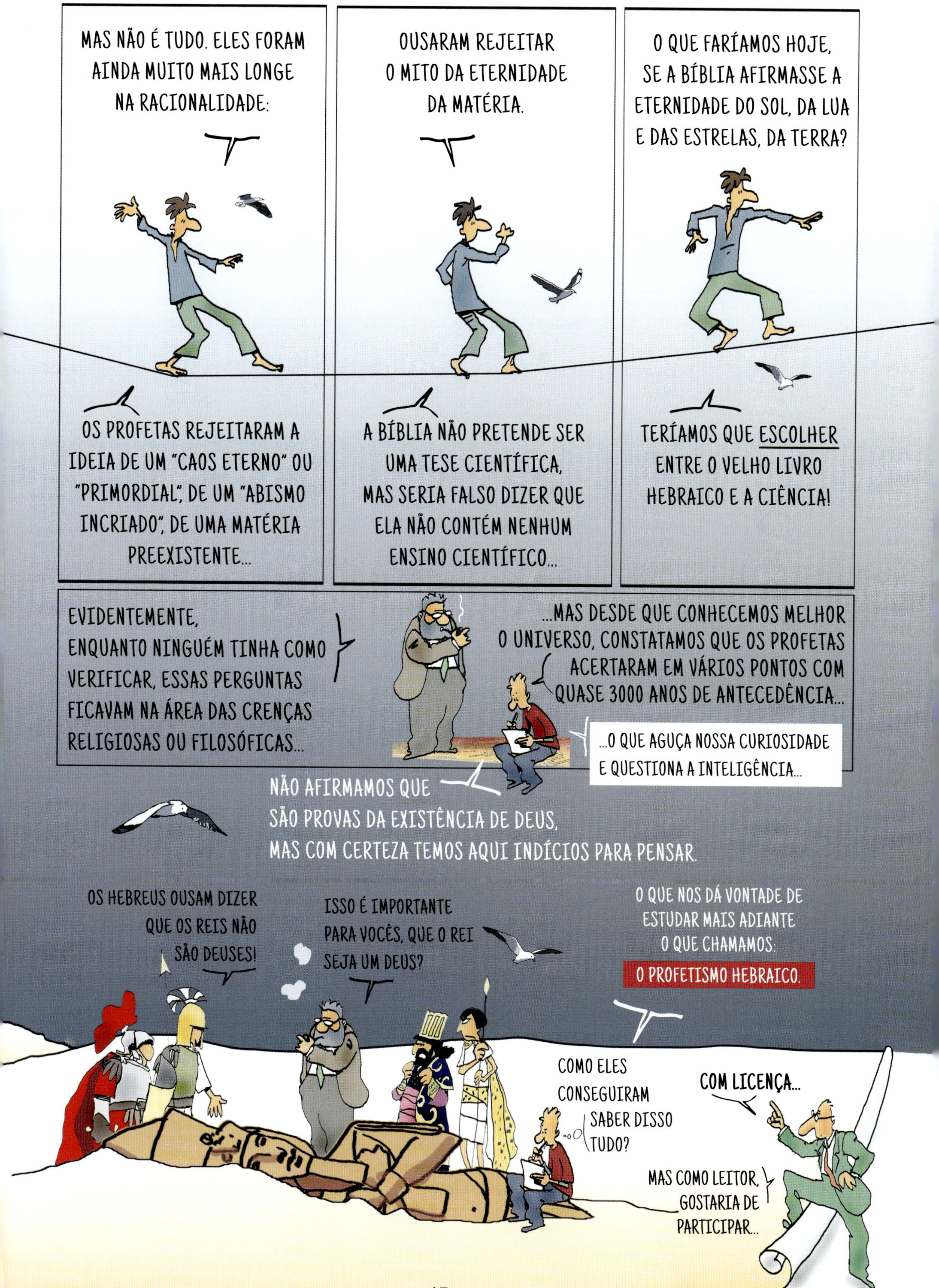

MAS NÃO É TUDO. ELES FORAM AINDA MUITO MAIS LONGE NA RACIONALIDADE:

OUSARAM REJEITAR O MITO DA ETERNIDADE DA MATÉRIA.

O QUE FARÍAMOS HOJE, SE A BÍBLIA AFIRMASSE A ETERNIDADE DO SOL, DA LUA E DAS ESTRELAS, DA TERRA?

OS PROFETAS REJEITARAM A IDEIA DE UM "CAOS ETERNO" OU "PRIMORDIAL", DE UM "ABISMO INCRIADO", DE UMA MATÉRIA PREEXISTENTE...

A BÍBLIA NÃO PRETENDE SER UMA TESE CIENTÍFICA, MAS SERIA FALSO DIZER QUE ELA NÃO CONTÉM NENHUM ENSINO CIENTÍFICO...

TERÍAMOS QUE ESCOLHER ENTRE O VELHO LIVRO HEBRAICO E A CIÊNCIA!

EVIDENTEMENTE, ENQUANTO NINGUÉM TINHA COMO VERIFICAR, ESSAS PERGUNTAS FICAVAM NA ÁREA DAS CRENÇAS RELIGIOSAS OU FILOSÓFICAS...

...MAS DESDE QUE CONHECEMOS MELHOR O UNIVERSO, CONSTATAMOS QUE OS PROFETAS ACERTARAM EM VÁRIOS PONTOS COM QUASE 3000 ANOS DE ANTECEDÊNCIA...

...O QUE AGUÇA NOSSA CURIOSIDADE E QUESTIONA A INTELIGÊNCIA...

NÃO AFIRMAMOS QUE SÃO PROVAS DA EXISTÊNCIA DE DEUS, MAS COM CERTEZA TEMOS AQUI INDÍCIOS PARA PENSAR.

OS HEBREUS OUSAM DIZER QUE OS REIS NÃO SÃO DEUSES!

ISSO É IMPORTANTE PARA VOCÊS, QUE O REI SEJA UM DEUS?

O QUE NOS DÁ VONTADE DE ESTUDAR MAIS ADIANTE O QUE CHAMAMOS:

O PROFETISMO HEBRAICO.

COMO ELES CONSEGUIRAM SABER DISSO TUDO?

COM LICENÇA...

MAS COMO LEITOR, GOSTARIA DE PARTICIPAR...

— EM QUE VOCÊS SE BASEIAM PARA DIZER QUE A ETERNIDADE DA MATÉRIA É UM MITO?

— VOCÊS NÃO SABEM NADA SOBRE ISSO!

— EU TAMBÉM TENHO UMA OBSERVAÇÃO:

— A BÍBLIA FALA QUE O SOL SÓ FOI CRIADO NO QUARTO DIA...

— ...ENTÃO, DE ONDE VEM ESSA LUZ DESDE O PRIMEIRO DIA?

— NÃO FAZ SENTIDO!

— COMO ASTROFÍSICO, ACHO QUE CONSIGO AJUDAR VOCÊS.

— VEJAM O QUE SABEMOS ATUALMENTE:

HOJE EM DIA[4], O UNIVERSO É COMPOSTO DE MAIS DE 100 BILHÕES DE GALÁXIAS, QUE SE EXPANDEM NO VAZIO,

— QUE NEM GÁS, QUANDO VIRAMOS... ...O BOTÃO.

Psssshhhhtt

[4] DIGO "HOJE EM DIA" PORQUE O UNIVERSO NEM SEMPRE FOI COMO ELE É HOJE EM DIA.

O QUE FAZ QUE O UNIVERSO HOJE SEJA MUITO MAIOR DO QUE NO SEU INÍCIO, HÁ 13,6 BILHÕES DE ANOS...

— FECHEI: O GÁS CONTINUA A SUA EXPANSÃO.

SABEMOS, PORTANTO, QUE NOSSO UNIVERSO NÃO É ETERNO. MAIS UM PONTO EM QUE OS PROFETAS TIVERAM RAZÃO 3000 ANOS ANTES DE TODO MUNDO.

NÃO É TUDO: CONHECEMOS TAMBÉM A HISTÓRIA DO QUE CHAMAMOS "A MATÉRIA".

— VAMOS OLHAR AS COISAS UM POUCO LÁ DE CIMA.

O UNIVERSO QUE NÓS VEMOS, NO COMEÇO, ERA SÓ LUZ OU RADIAÇÃO...

O QUE NÓS CHAMAMOS DE "MATÉRIA" APARECEU RELATIVAMENTE TARDE.

FOI A LUZ QUE VEIO EM PRIMEIRO LUGAR.

O QUE NÓS CHAMAMOS DE "MATÉRIA" SÃO COMPOSIÇÕES FEITAS COM LUZ OU RADIAÇÃO.

DENTRO DAS ESTRELAS, QUE SÃO VERDADEIROS LABORATÓRIOS DE SÍNTESE, ASSISTIMOS A COMPOSIÇÕES PROGRESSIVAMENTE MAIS COMPLEXAS...

E A COMPOSIÇÃO DESSA MATÉRIA, ESTUDADA PELO FÍSICO, SE RESUME A UMA CENTENA DE ESPÉCIES DE ÁTOMOS.

ELA É SEGUIDA POR OUTRA COMPOSIÇÃO, A DAS MOLÉCULAS, ESTUDADA PELO BIOQUÍMICO E QUE TAMBÉM SE REALIZA EM ETAPAS: DA MAIS SIMPLES À MAIS COMPLEXA[5]...

DÁ PARA VER BEM QUE A MATÉRIA NÃO É ETERNA.

COMO O SOL, ELA TEM UM INÍCIO.

HUM, É VERDADE.

ALIÁS, ACABAMOS DE VER JUNTOS QUE A LUZ APARECEU HÁ 13,6 BILHÕES DE ANOS, BEM ANTES DO NOSSO SOL, QUE SÓ TEM 4,5 BILHÕES DE ANOS!

MINHA VEZ DE FAZER UMA PERGUNTA:

POIS É!

ISSO RESPONDE A MINHA PERGUNTA: A LUZ EXISTIA ANTES DO SOL NO MUNDO REAL E NA BÍBLIA!

COMO OS HEBREUS PODIAM CONHECER TAL INFORMAÇÃO?

JÁ COMEÇAMOS A REUNIR UM MONTÃO DE INDÍCIOS, VOCÊ NÃO ACHA?

(5) E NÃO ACABOU: CONTINUA NO PRÓXIMO ÁLBUM!

NO UNIVERSO, NÃO EXISTE MATÉRIA NO ESTADO "BRUTO".

TUDO É ESTRUTURA, INFORMAÇÃO...

UMA MOLÉCULA É ESTRUTURA, É INFORMAÇÃO...

UM ÁTOMO É INFORMAÇÃO...

NO NOSSO UNIVERSO, TUDO É LUZ E INFORMAÇÃO.

E A LUZ TAMBÉM É INFORMAÇÃO.

NO UNIVERSO, DÁ PARA VER BEM QUE A MENSAGEM VEM PRIMEIRO.

NO PRINCÍPIO EXISTIA A INFORMAÇÃO, A MENSAGEM... TUDO FOI FEITO POR ELA, E SEM ELA NADA SE FEZ DE TUDO O QUE FOI CRIADO...

EH! MAS É COMO... NA BÍBLIA, ISSO!

O QUÊ?

O QUE "É COMO NA BÍBLIA"?

NOSSO AMIGO CIENTISTA ACABOU DE FALAR COMO O AUTOR DO QUARTO EVANGELHO:

"NO PRINCÍPIO EXISTIA O VERBO: A PALAVRA... TUDO FOI FEITO POR ELE, E SEM ELE NADA SE FEZ DE TUDO O QUE FOI CRIADO..."

E AS ESCRITURAS MAIS ANTIGAS JÁ DIZIAM QUE TUDO FOI FEITO PELA PALAVRA DE DEUS!...

...A PALAVRA DE DEUS!

POIS É CLARO!! UMA PALAVRA É UMA MENSAGEM, É UMA INFORMAÇÃO!

...E SUA PALAVRA ENCHEU TUDO.

ESTRANHO... NUNCA TINHA PERCEBIDO A LIGAÇÃO.

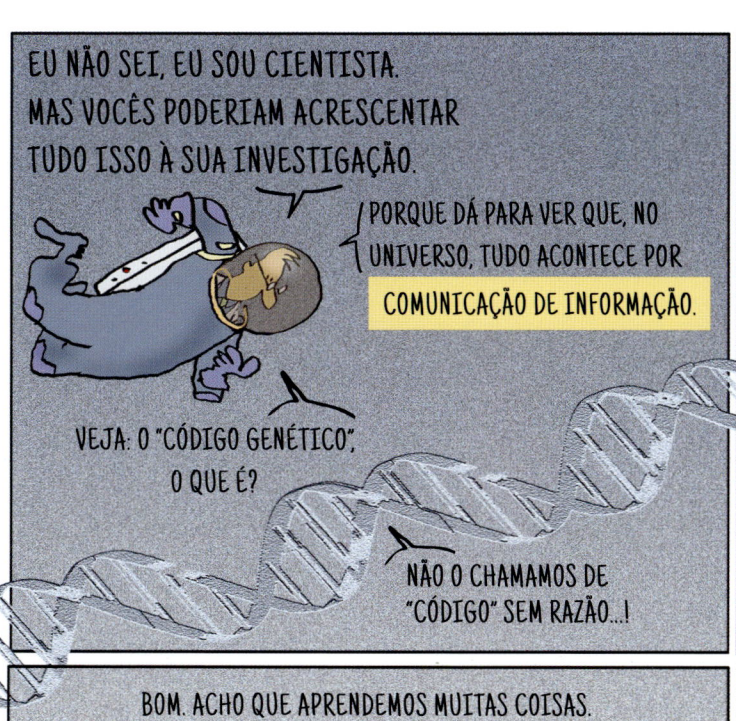

Painel 1:
EU NÃO SEI, EU SOU CIENTISTA. MAS VOCÊS PODERIAM ACRESCENTAR TUDO ISSO À SUA INVESTIGAÇÃO.

PORQUE DÁ PARA VER QUE, NO UNIVERSO, TUDO ACONTECE POR COMUNICAÇÃO DE INFORMAÇÃO.

VEJA: O "CÓDIGO GENÉTICO", O QUE É?

NÃO O CHAMAMOS DE "CÓDIGO" SEM RAZÃO...!

Painel 2:
...É UMA VERDADEIRA MENSAGEM, INSCRITA NUMA LINGUAGEM: A DO DNA...

...É INFORMAÇÃO TRANSMITIDA. A GENTE DEVERIA ESTUDAR ISSO.

OK. MAS ESSES INDÍCIOS SERVIRÃO NO PRÓXIMO EPISÓDIO.

VOLTEMOS À TERRA E RECAPITULEMOS.

Painel 3:
BOM. ACHO QUE APRENDEMOS MUITAS COISAS.

A INVESTIGAÇÃO NOS MOSTRA QUE NÃO SOMENTE A BÍBLIA NÃO CONTRADIZ A REALIDADE DO UNIVERSO.

O QUE É EXCEPCIONAL NA HISTÓRIA DA HUMANIDADE... ELA É SEM DÚVIDA O ÚNICO DOCUMENTO DA ANTIGUIDADE NESTE CASO...

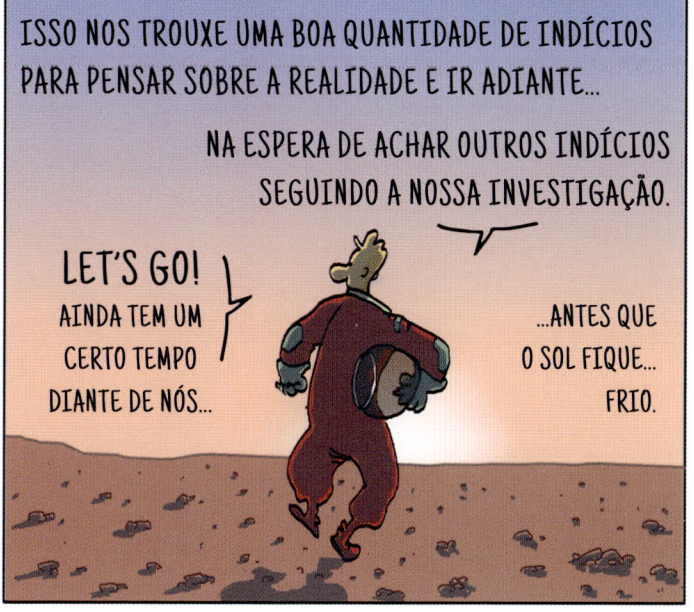

Painel 4:
...COMO ELA FOI TAMBÉM CAPAZ DE NOS DESCREVER ALGUNS ASPECTOS DESSE UNIVERSO...

...COM 3000 ANOS DE ANTECEDÊNCIA.

Painel 5:
E O MELHOR DE TUDO (PARA MIM) É QUE TUDO ISSO FAZ PARTE DE UM PROJETO ÚNICO: PROGREDIR PARA MAIS HUMANIDADE.

UM FAMOSO PASSO PARA O HOMEM, UM VERDADEIRO SALTO PARA A HUMANIDADE!

Painel 6:
ISSO NOS TROUXE UMA BOA QUANTIDADE DE INDÍCIOS PARA PENSAR SOBRE A REALIDADE E IR ADIANTE...

NA ESPERA DE ACHAR OUTROS INDÍCIOS SEGUINDO A NOSSA INVESTIGAÇÃO.

LET'S GO! AINDA TEM UM CERTO TEMPO DIANTE DE NÓS...

...ANTES QUE O SOL FIQUE... FRIO.

ALGUNS DIAS DEPOIS...

— OBRIGADA, TOM, POR TER ME CONTADO ESSA SUA INVESTIGAÇÃO.

— EU NÃO PODIA GUARDAR TAIS INDÍCIOS SÓ PARA MIM!...

— SABE, EU TINHA "ABANDONADO" UM POUCO A QUESTÃO DE DEUS NA MASMORRA...

— E TENHO QUE ADMITIR QUE TODOS ESSES INDÍCIOS ME DERAM VONTADE DE REABRIR O CASO.

AGORA, SUA INVESTIGAÇÃO ORIGINA NOVAS PERGUNTAS.

— SERÁ QUE O PROFETISMO HEBRAICO É UM FENÔMENO ÚNICO NA HISTÓRIA DA HUMANIDADE? DE ONDE VEM ESSA INFORMAÇÃO?

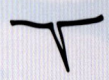

— TAMBÉM SE TORNA URGENTE ENTENDER UM POUCO MAIS SOBRE AQUELA QUESTÃO: **EVOLUÇÃO OU CRIAÇÃO?**

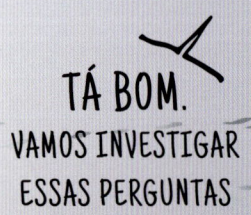

— TÁ BOM. VAMOS INVESTIGAR ESSAS PERGUNTAS

NO PRÓXIMO ÁLBUM:
UMA ENCRENCA NA EVOLUÇÃO.

BRUNOR

Edições Loyola

editoração impressão acabamento

Rua 1822 nº 341 – Ipiranga
04216-000 São Paulo, SP
T 55 11 3385 8500/8501, 2063 4275
www.loyola.com.br